KEEMILISED ELEMENDID
PERIOODILISUS

Peaaegu lõpmatu esemeid ja materjale meie ümber tegelikult koosneb ainult piiratud hulk keemilisi elemente. Me teame täna, et 91 on olemas loomulikult Maal. Nad hakkavad vesinikuga mis asutati varsti pärast universum hakkas tegutsema. Ülejäänud 90 on tehtud kas tuumareaktsioonis toimuvad tuum põletamine tärni võikatastroofilised plahvatused nimetatakse supernoova , mis on mõnikord toodetud kui tähed surra. Mitu elementi on valmistatud kunstlikult laboris .

Iga element käitub erinevalt ja on erinevate omadustega kõik teised. Süsteemi korraldamise informatsioonkeemilised omadusedelemendid jakeemilised ühendid moodustavad nad on olulised . Kaasaegne perioodilise tabeli põhineb peamiselt töö vene keemik Dmitri Mendelejevi kelle avaldatud tabelis 1869 paigutatudelementide horisontaalne rida vastavalt nende kaal ühe rea allteiste , nii et kõik elemendid sarnaste omadustega kukkus tulpa . In20. sajandi teadmisi struktuuri kohtaaatomi õige tellimine elemendid avastati ja käesoleva perioodilisustabeli on sõnastatud.

Aatomid moodustavad prootonid , neutronid ja elektronid põhikomponenteelemente. Inglise füüsik Henry Moseley näidanud, et see, mis määrab käitumise iga element on oma aatomnumber ,prootonite arv selle tuum , mitte selle aatommass mis on meede koguarvust prootonite ja neutronite tuumas . Õige tellimineelementide perioodilisuse tabeli seega nende aatomite arv . Kuigiaatomidantud element onsama prootonite arv võib neil erinev arv neutroneid . Neid nimetatakse isotoobid ja nende olemasolu seletab aatommass onusaldusväärne indikaator seisukohaelement perioodilisuse tabelis.

Elemendid on paigutatud järjekorras aatomnumbrid ridadesse kutsunud perioodidel. Liikudes vasakult paremale koguperioodi , on üleminek elemente, mis on metall nendele , mis on mitte- metall . Tulpa perioodilisuse tabeli nimetatakse rühma. Kõikelementidegrupp on sarnased keemilised omadused ja mõnikord nimetatakse elementide perekondi .

MIKS elementidegrupp on sarnased keemilised KÄITUMINE

Aatomnumber määrab mitme negatiivselt laetud elektronid sisalduvadaatomidkonkreetne element ja see onstruktuurelektronid tiirlevadtuuma , mis määravad , kuidas elemendid reageerivad üksteisega. See elektronide valentsiorbiidile või väline kest aatomi puutuvad teiste aatomitega , kui nad reageerivad . Elemendid , mille valents kestad on täiesti täis on väga stabiilne ja tundub, et reageerida peaaegu midagi . Need mittetäieliku kestad kipuvad reageerida teiste aatomiteviisil et täita need kestad. Aatomid sarnaste valents -shell konfiguratsiooni on sarnased keemilised omadused . Elements samasse kontserni perioodilisuse tabelis on sama arv valentselektrone .

Perioodilisuse tabeli seejärei onkaartviisi elektronid korraldada iseaatomiteriti element. Võime ennustada keemilised omadused, mis põhineb rea ja veeru , milles leitakse, muudab perioodilise tabelihindamatu vahend, mille abil praktiseerivate teadust.

VESINIKSULFITITE
Atomic number : 1
Keemiline sümbol : H
Group : 1A

Vesiniku koosneb midagi muud kuiüksik prooton , mis toimib oma tuumas ringiga milleühel elektron. Selle lihtsus aitab selgitada, miks see on kaugelt kõige levinum element , mis moodustab 93 % kõigist aatomitest universumis . Vesinik on gaas , mis ei ole lõhna, maitse on täiesti värvitu ja väga flammable.The Vesiniku hapnikuga toodab oma kõige levinum ühend , water.Hydrogen sisaldub samuti orgaanilisi ühendeid , bioloogiliste leiduvad ühendid elusorganismides , parfümeeria , värvained , pestitsiidid , DNAd ja valke ! Nimekiri läheb edasi ja edasi !

Heelium
Atomic number : 2
Keemiline sümbol : Ta
VIII rühma-väärisgaasid

Nagu kõik väärisgaasid , heelium on värvitu ja odourless.Together vesinik ja heelium moodustadahämmastavalt 99,9 % elementid universumis . Tema nimi pärineb kreeka " Helios ", mis tähendab" päike " . Heelium päike on toodetud fusion vesinikku. See reaktsioon varustab energiaga , et Päike kiirgab kosmosesse . Heelium onväikese tihedusega ja on seetõttu kasulikud blimps ja Mänguõhupallid oma ujuvuse air.Astrnomers kasutada väga külm vedelik heeliumi eemaldamiseks termiline "müra" muudab lihtsamaks ja usaldusväärsemaks , et saada andmeid kaugete galaktikate .

LITHIUM
Atomic number : 3
Keemiline sümbol : Li
IA rühm -Leelismetallid

Metallist liitium on väga reaktiivne ja ühendab alumiinium moodustada madala tihedusega , struktuurilt tugev sulam kasutatakse lennukeid ja kosmoselaevu . Samuti kasutataksepositiivse klemmi või anoodi väikeste akude kasutatud kaamerad , südamestimulaatorid ja kalkulaatorid. Liitiumhüdroksiid on väga tõhus õhu puhastaja . See neelab CO_2õhus moodustada liitiumkarbonaadi . Liitium on kõige soojusmahtuvus iga element . See omadus muudab ideaalne soojusülekande materjal ja seda kasutatakse eksperimentaalse tuumareaktorite neelavad soojust tootnud fissioning uraani .

Meditsiinis liitiumkarbonaadi ja liitium tsitraat tuntakse väga tõhus meeleolu
stabilisaatorite maniakaal - depressiivne haigus .

BERYLLIUM
Atomic number : 4
Keemiline sümbol : Ole
IIA rühm -leelismuldmetallid

Puhtal kujul , Berüllium on kerge, üsna raske , hallikas-valge metall . Nagu kõik metallid ,
mis moodustavad leelismuldmetallide grupp , see on liiga keemiliselt reaktiivne tuleb
leida oma vaba riik. Hoiusedmineraal berülliumi jaotuvad Brasiilia , Argentina ja USA .
Kristallid berüllium on tuntud oma peen välimus . Mõlemad smaragd ja akvamariin on
looduslikud vääris vorme see mineraal . Berüllium mängis võtmerolli avastamist neutron
1932 ja jääb kasulikud uuringud on aatomituumade .

BORON
Atomic number : 5
Keemiline sümbol : B
III rühm

Boor on kõva , rabe , mittemetalsetest element . See on tavaliselt seotud hapniku , vee
ja naatriumiühend nimega booraks et kasutataksepuhastusvahendina ja vee
pehmendaja . Kui vesi on pehmenenud ,magneesiumi ja kaltsiumi sõnadega suhteliselt
kahjutuid naatrium ja kaalium . Teine booriühend on boor ACED kasutatakse
tööstuslikult teha Pyrex spetsiaalne kuumuskindel klaas kasutatakse köökides. Boor
"rods" on otsustav kasutamise tuumareaktoreid. Neid saab langetatireaktori
absorbeerida neutronite kontrollides sellegavõime vermitaksereaktorisse.

CARBON
Atomic number : 6
Keemiline sümbol : C
IV rühm

Carbon on vaid 0,09% maakoore massist , kuid see onelement kõige olulised meie
planeedi elu . Süsinik võlgneb oma keskse positsiooniorgaaniliste maailmasvõime oma
aatomite siduda teiste süsiniku aatomitega moodustavad pika ahela , mis on kas sirge
või hargnenud . Üks selline pika ahelaga molekuliDNA leitudgeneetilist materjali kõigi
elusolendite . Elemendid võivad eksisteerida mitu füüsilist vormi nimetatakse allotropes .
Carbon on leitud allotropic vormid grafiit , süsi ja kõige suurejoonelisalt teemant .

LÄMMASTIK

Atomic number : 7
Keemiline sümbol : N
V rühm

Lämmastik puudub igasugune mõte stimulatsiooni vara ja me oleme pidevalt hingamine suurtes kogustes , nagu me hingata õhku. Domineerib gaasid Maa atmosfääris , mis moodustavad ligikaudu 78 % mahust . Lämmastiku vormid sadu tuhandeid ühendeid, mis on oluline põllumajanduse ja tööstuse kõige olulisem on ammoniaak . Gaasilises vormis , lämmastikku kasutatakse sageli olukordi , kus see on oluline hoida teiste, reaktiivne õhugaase kaugusel . Näiteks, et vältidaoksüdeerumist , vein pudelitesse sageli täideti lämmastikuga pärastkorgi eemaldamist.

OXYGEN
Atomic number : 8
Keemiline sümbol : O
VI rühm

Hapniku olemasolu atmosfääris vee jamaapõuestväga palju erinevaid kive ja mineraalaineid. On oluline, et elu ja osa iga bioloogiline molekul meie kehades . Kuigi paljud looduslikud protsessid tarbivad hapnikku , siis on pidevalt täiendatakse fotosünteesi taimedes seega pidevalt tarbida ja pidevalt toota. Inglise keemik Joseph Priestley on krediteeritudavastus hapnikku. Ta kuumutatakseoxide elavhõbeda ning märkis, et gaasi andis välja põhjustas küünal põlema koostähelepanuväärselt särava leegiga. Gaas oli hapniku !

FLUORINE
Atomic number : 9
Keemiline sümbol : F

VII rühm- halogeenid
Fluor on väikseim , kergeim ja kõige reaktiivne halogeeni . Kõik aatomit selles grupis kergesti kombineerida metalli soolade moodustamiseks . Paljudes maailma osades naatriumfloriid lisatakse ühisveevärgis . Uuringud on näidanud, et väikesed kogused fluori aeglustabarengut õõnsused hambad. Injuuresolekul vesiniku -, fluori põletab plahvatusohtlike jõu vesiniku fluoriidi lahustatuna vees vormid vesinikfluoriidhapet. See on äärmiselt ohtlik . Siiski lahustamiseks klaas ja kasutatakse etc disaini klaasist objektid.

NEON
Atomic number : 10
Keemiline sümbol : Ne
VIII rühma- väärisgaasid

Neon nagu kõik väärisgaasid on monoatomaarse . Tuttav neoon märke Poe ja restorani aknad sisaldavad neoon gaas helendab , kui see on pingestatudelektrilahendus . Kui see juhtub , neoon aatomitgaasi eritavad kiirgusekujul oranž - punane tuli . Erinevad gaasid tootmiseks kasutatud märgid erinevad Colurs . Iga gaasi põnevil kiirgab oma iseloomulik värv . Commercial neoon toodetakse õhu vedeldamistehased . Kuna neoon onkeemistemperatuur -229 kraadi Celsiuse järgi , jääb jäägina pärast lenduvate lämmastik ja hapnik on keedetud off !

SODIUM
Atomic number : 11
Keemiline sümbol : Na
IA rühm -Leelismetallid

Naatrium on väga reaktiivne ere hõbedase metallist kerge piisavalt float vee peal ja piisavalt pehme, et lõigata noaga. See on osa palju olulisi ühendeid, mis on leidnud laialt levinud kogu maailmas. Naatriumkloriid,keemiline nimetus lauasool kaevandatakse suurtes kogustes looduslikust soola hoiused. Naatriumvesinikkarbonaat tuntakse söögisoodat saab teha küpsetiste tõusu kuumutamisel või saia taigen tõuseb kui küpsetatud . Seda kasutatakse ka neutraliseerida liigse mao happesust ja agendina tulekustutid .

Magneesiumi
Atomic number: 12
Keemiline sümbol : Mg
II rühm-leelismuldmetallid

Magneesium esineb sellises suures koguses merevees , et maailma ookeanid sisaldavadpeaaegu piiramatu hulga lahustunud materjali. Tema suur eelis on see, et see on väga kerge , mis muudab ta ideaalseks valmistamist auto ja õhusõidukite osad , elektrilised tööriistad, muruniiduk korpused ja võidusõidu jalgratast. Magneesium on oluline ka õige toitumine inimestel , kuna see on oluline nõuetekohase toimimise mitmed ensüümid . Samuti mängib olulist rollimake- up ofgreen Klorofülli olemas kõik roheline taimerakkudes .

ALUMINUM
Atomic number : 13
Keemiline sümbol : Al
III rühm

Tavaliselt leidub looduses koos hapnik , alumiinium on kõige rikkalikumad metall maakoores . See on kerge ja hea elektrijuht , kaks omadusi, mis teevad sellest ideaalse koostisosalaias valikus tooteid . See on suurepärane helkuri kiirguse ja kasutatakse erinevat tüüpi antennide, soojuse heikurid ja päikese peeglid . Peale nende muude omadustega alumiinium on suhteliselt reaktiivne . See moodustaboksiidi kiht , mis takistab tal lisareaktsiooni keskkonda nii, et see on tavaliselt korrosioonikindel. Alumiinium on ka mitte- mürgine , lõhnatu ja maitsetu .

SILICON
Atomic number : 14
Keemiline sümbol : Si
IV rühm

Silikooniühendid seotud keemiliselt hapnikuga moodustavad enamiku Maa liiva , kivide ja pinnase . Täna räni moodustabpõhjal mikroelektroonikatööstuse . Kasutamise ränist kiibid trükitud vooluringid on võimaldanud kahandamine tuba suurusega, arvutid need, mis saab puhata oma süles . Kõige olulisem räniühendina on ränidioksiid mis esineb kahes vormis kvarts ja kõva . Väike kalliskivid ja poolvääriskivid on kristallid kvarts värvilised lisandid . Räni kasutatakseklaasi tootmiseks . Keraamika ja silikoonid muud olulised ühendite klassidesse põhineb räni .

PHOSPHORUS
Atomic number : 15
Keemiline sümbol : P
VA

Fosfori avastas arst Hennig Brand 1669 . Ta destilleeritud jääk kahandanud uriini ja saadud midagi, mis säras pimedas ja süttisid põlema sooja õhku. Fosfori ja valguse intensiivsust on ikka seotud nähtus tuntud fosforetsents . Tsinksulfiid fosforestseeriva materjali, mis annab välja scintillations valgust kui tabas kiiresti liikuvaid elektrone . See mõju katmine televisioon toru toodabTV pilt. Peaaegu kõik fosforit kasutada kaubanduslikult on teha fosforhape. Selle peamine kasutus on väetiste tootmiseks pinnase ilma fosfori viljatu . Esineb tavaliselt kahes vormis st punane ja kollane , esimene on teha tuletikud .

VÄÄVELDIOK
Atomic number : 16
Keemiline sümbol : S
VI rühm

Väävel onreaktiivne mittemetallist leidub looduses nii oma tasuta elementaarse riigi ja kujul laialdaselt levinud maagid ja mineraalid . Mõned ühised mineraalid väävel on kips st kaltsiumsulfaat ja püriit sageli tuntakse'' loll kuld '' . Lisaks nende oluline ka kunstväetiste , toidu säilitamiseks , pleegitamine tekstiili ja puhastamine metall -, väävli ühendid on sadu muid kasutusviise taastumas metallide maagid , tehes kummist , detergendid, värvid ja värvained ja sünteetilised kiud. Tõepoolestriigi tööstusliku arengu taset määrab selle tarbimine inimese kohta väävel .

Kloor
Atomic number : 17
Keemiline sümbol : Cl
VII rühm- halogeenid

Kloor onmürgine kollakasroheline diatomic gaas . Sissehingamine võib isegi väike kogus võib põhjustada tõsiseid kopsukahjustusi . Toksilisus kloori muudabsuurepärane desinfitseeriva ujumis-ja veevarusid. Oluline ühendi kloor vesinikkloriidi ,gaas , mis lahustub vees toota soolhappega. Soolhape esinebmaomahla mao kus vaja aktiveerida valgu seedimisega ensüüme. Suur kogus kloori on kasutatud toota insektitsiidid . Paljud on hiljuti keelatud , kuna need on lugeda keskkonda saasteaineid .

Argoon
Atomic number : 18
Keemiline sümbol : Ar
VIII rühma- väärisgaasid

Aastal 1894 , argoon sai esimene väärisgaasi avastamist . Selle kaubanduslikke rakendusi kasutada selle puudumine reaktsioonivõime . Argon onlagunemise produktoluline raadio - isotoobi kasutada dating kivimist , kaaliumi - 40.The tehnikat nimetatakse kaaliumi argooni dating. Kaalium onebatavaliselt pikk poolestusaeg on 1,25 miljardit aastat ja esineb palju kive . Kui kaalium 40 laguneb , see muudab end argooni . Seega võib vanuse kindlakskivimite kindlaks, kui palju argoon on kohal. Vanimad kivimid Maal on käesoleva meetodiga määratud kui 3,8 miljardit aastat vana.

KAALIUMATS
Atomic number : 19
Keemiline sümbol : K
IA rühmLeelismetallid

Kaalium on väga reaktiivne seega ei ole kunagi leidnud oma vaba riigi iseloomuga. On leitud mereveest , kuigi väiksemas mahus kui naatriumi, selle keemilised samaväärne . Kaalium on oluline taimede kasvu nii paljukaaliumi lahustunud mineraalaineid on asunud taimed enne merre . Looduslikult esinev isotoopide kaaliumi potssium - 40.Human keha sisaldab 140 grammi kaaliumi. Kuna arvukus kaalium -40 on 0,012 protsenti , oleme kõik osaliselt koosneb see reaktiivne isotoop . See on oluline panustaja meie elu kiiritusdoosiga

KALTSIUM

Atomic number : 20
Keemiline sümbol : Ca
II rühm-leelismuldmetallide

Kaltsium onoluline koostisosalaia elusorganismid . Inimese hambad ja luud sisaldavad kaltsiumi ja mere organite kestade kaltsiumkarbonaati . Lubi,ühendi kaltsium onoluline tööstuslik kemikaal. Üks selle aasta alguses kasutusalad oli teatri valgustus . Kui lubi kuumutataksekõrgel temperatuuril , see annabintensiivse sinakas - valget valgust. Seda kasutati 19. sajandi alguses valgustamiseks osalejate põhjustanud fraasi " rambivalguses ". Ilmseltkõige olulisem tänapäevase lime onraua oma maagid .

skandium
Atomic number : 21
Keemiline sümbol : Sc
Rühm III B First Row siirdeelement

Skandium juhib esimese rea siirdeelementidega . Kõik on üsna mittereaktiivne metall ja paljud on väga ohtlik . Skandium onväga kerge metallüsna kõrge sulamistemperatuur ja näitab hea korrosioonikindlus . Need omadused on teinud suurt huvi kosmosetööstus lennuki ehitamiseks . Skandium moodustab vähe kasulikke ühendeid . Metall ise on leidnud kasutamist elektroonikaseadmeid, näiteks kõrge intensiivsusega lampide , mis toodavad valgusevärvi väärtus on lähedane loodusliku päikesevalguse . Lambid sedalaadi Sageli kasutatakse valgustamiseks jalgpalli staadionid .

TITANIUM
Atomic number : 22
Keemiline sümbol : Ti
IV rühm B First Row siirdeelement

Titanium oma puhtal kujul on metallist , mis on lihtne töötada ja väga plastiline või saab tõmmata traati. Vaatamata oma kergele kaalule , on ebatavaliselt tugev ja praktiliselt immuunne tavaline liiki metalli väsimus . Samuti onerakordne korrosioonikindlus , nii et see on iga vara vaja teha see ideaalne materjal reaktiivmootorid ja raketid . Kõige olulisem ühend on titaandioksiidaine intensiivset särava valge värvi , mida kasutataksepigmendi värvide , paberi ja plasti .

VANADIUM
Atomic number : 23
Keemiline sümbol : V
Group VB First Row siirdeelement

Vanaadium on särav läikiv metall , mis on üsna pehme ja väga vastupidavad korrosiooni. Mehhiko professor mineraloogia nimelt Andres Manuel del Rio avastas vanaadiumi 1801 . Hiljem nimeSkandinaavia jumalanna Vanadis sest tema palju kaunilt värvilised ühendid. Umbes 80%vanaadiumi toodetudUSA lähebvalmistamiseks terasest.

KROOM

Atoonilised number : 24
Keemiline sümbol : Cr
VI rühm B First Row siirdeelement

Kroomi nimetati kreeka sõnast " Chroma " tähendab värvi. Ilus värv palju vääris kalliskivid -punane rubiinid iseloomulik rohelinesmaragd - on tingitud juuresolekul trace summa kroomi. Metal on tavaliselt saadud kroomi ,oksiid kroomi , mis on selle kõige olulisem maagi . Kui õhu kätte kroom moodustabnähtamatu oksiid mis muudab ta väga vastupidav korrosioonile ja väga kasulik niidekoratiivsed ja kaitsev kiht üle teiste metallide, nagu vask , pronks ja teras . Kroomi kasutatakse ka toota roostevabast terasest.

mangaani

Atomic number : 25
Keemiline sümbol : Mn
VII rühm B First Row siirdeelement

Mangaan onraske hallikas-valge metall , mis näeb välja ja on palju samaseid omadusi rauda. Lisamine mangaani terasest muudab on ebatavaliselt raske ja põrutus . Selline teras on ideaalne kasutamiseks püss pütid, pank võlvid , rööpad ja pinnasetööd seadmed . Mangaan lisab kõvadus , tugevus ja korrosioonikindlus , et sulamid alumiiniumi ja magneesiumi . Ühend kaaliumpermanganaadi onlillakas värv, mis on mõnikord näinud antiikse klaasi . Kuigi klaas tootjad ei kasuta enam mangaani, tema võime värvi objekte kasutatakse heledaks keraamikatunnid .

IRON

Atomic number : 26
Keemiline sümbol : Fe
VIII rühma B First Row siirdeelement

Raud on ilmselt kõige levinum metallinimühiskonda . Kas me kruvikeeraja või sõidabauto võirongiga , tähtsust ja kasulikkust raudehitusmaterjalide on enesestmõistetav . Sisemus Maa tuntakse tuum on valmistatud sula rauda. Võime täpsustadametal oli verstapostiks inimarengu tuntudrauaaeg (1000 eKr). Avastamist juhtima tööriistu ja relvi, mis olid raskem ja vastupidav peale pronksiajal. Täna rohkem kui 90 % kogu metall rafineeritud on raud .

COBALT

Atomic number : 27
Keemiline sümbol : Co
VIII rühma B First Row siirdeelement

Suur maagi koobalt on cobaltite . Puhas metall saadakse küpsetamiseks see maagi . Nimi koobalt pärineb saksa " kobold " ehkkuri vaim . Kaevurid sageli öelnud, et õnnetustestmeelt olid tingitud " kobold " . Cobalt lisatakse terasest parandada oma korrosioonikindlus . Kui koobalt on segatud volframkarbiidi ja vask , see moodustab Stellite ,metal , mis säilitab oma kõvaduse kõrgetel temperatuuridel mistõttu on ideaalne kiire puurid ja lõikamise vahendid . Nagu raud koobalt kergesti magnetiga . Võimas magnet aine tuntud alnico on sulam koobalti -, alumiiniumi ja niklit.

Nickel
Atomic number : 28
Keemiline sümbol : Ni
VIII rühma B First Row siirdeelement

Nikkel on sageli lisatud teiste metallidega nagu raud ja teras , moodustades sulamid vastupidavad oksüdeerumise . Nikroommetalli kasutatakseküttekeha Rösterid ja elektriahjud on sulam kroomi ja niklit. Suur elektriline takistus nikroom koos oma kõrge sulamistemperatuur muudab väga tõhus materjal teisendada elekter kütta . Oluline kasutadametall on nikkel - kaadmium-akud . See aku on laetav , mis muudab eriti kasulik kalkulaatorid, arvutite ja juhtmeta elektri pardlit .

vask
Atomic number : 29
Keemiline sümbol : Cu
IB First Row siirdeelement

Tuttav veekasutus on torud , mis viivad vee kööki . Kuna vask on üks parimaid juhtivusega vask kasutatakse laialdaselt edastada elektrienergiat elektrijaamade kodudes, kontorites , tehastes ja muud hooned ja seinapistikust elektriseadmed . Vask oli kord kasutatud nupud vormikuubesid politseinikele seegakõnekeeles " vask " politsei . Messing ,sulam vase ja tsingi onmitmesuguseid kasutusviise riistvarast tsinki.

TSINK
Atomic number : 30
Keemiline sümbol : Zn
I rühm B First Row siirdeelement

Oma puhtas olekus , tsink on kõva , rabe , hõbedase metallist. See on suhteliselt korrosioonikindel ja kiiresti moodustabkõva oksiidi kate , mis takistab tal reageerides täiendavalt õhuga . Selle protsessi käigus , mida nimetatakse galvaniseerimine,

tsingitud on kaetud üle terasest korrosiooni vältimiseks . Metal on palju muid
kasutusviise . Ükskõige olulisem onühine kuivelementpatareide . Alates 1981 tsink on
olnud vastutav metal USA senti . Tsink on ka koos vask moodustada messingist .

gallium
Atomic number : 31
Keemiline sümbol : Ga
III rühmPost siirdemetallide

Gallium on väga pehme metall on väga madal sulamistemperatuur javäga kõrge
keemistemperatuur 2403 kraadi Celsiuse järgi . Temperatuurivahemik , kus gallium on
vedelik on suurim kõigist tuntud metal . See muudab kasulik eriline suur termomeetrid .
Alles hiljuti Praktilisi rakendusi gallium tunti . See muutus kiiresti , kui avastati , et
galliumarseniidist võiks toimidalaser diood ja muuta elektri otse laser valgust .
Valgusdioode kasutatakse erinevaid kellad ja autodisc mängijad .

germaanium
Atomic number : 32
Keemiline sümbol : Ge
IV rühmMetalloid

Germaanium on suhteliselt harv tumehall tahke element . See ei leidnud puhtal kujul
looduses vaid koos hapnikuga. Germaanium nimetataksepooljuhi . Lisaks väike summa
lisandite suurendab oma võimet viia läbi elektrit . " Legeeritud " germaanium kasutatakse
transistorid , mis on keskmes tahkes olekus elektroonikatööstuses. Dopingu kümned
tuhanded transistorid saab moodustada väike germaanium kiip, mis tegelikult muutub
väike arvuti . Sellised materjalid on võimalikrevolutsiooni elektroonika miniatuurseks .

ARSENIC
Atomic number : 33
Keemiline sümbol : As
VA Metalloid

Arseenrabedaks kristalse tahke toatemperatuuril. Invormis arseen oksiid ontuntud mürki.
Seda kasutatakseumbrohutõrjevahend ja insektitsiidi . Arseen nagu mürk on pildistatud
kujutlusvõime paljudkuritegevuse kirjanik . Enne viimaseid edusamme kohtuekspertiisi
meetodeid , ei olnud võimalik tuvastada ohvri keha . Kuigimürki arseeni on kasutatud
meditsiinis samuti , kõige tuntum olend '606 ' kavandas Paul Ehrlich kuiravi süüfilis .

SELEEN
Atomic number : 34
Keemiline sümbol : Se

Seleeni sisaldavad mineraalid on liiga vähe kaevandatakse kasumlikult. Kunametalloid leitakseettevõte vase ja väävli , peaaegu kõik seleeni taaskasutataksebye - toode vask rafineerimine jatootmine väävelhapet . Seleen esineb kahes vormis - punane ja hall . Gray seleen onfotojuhtdetektorid mis tähendab, et kuigi on halb elektrijuht tavaliselt muutub ja suurepärane dirigent juuresolekul valgust. See muudab seleeni väärtuslikvalgussensorile robootika ja kerge meetrit.

bROOMI
Atomic number : 35
Keemiline sümbol : Br
VII rühmhalogeenid

Broom onpunakaspruun vedelikkibe lõhn . Tema nimi on tuletatud kreekakeelsest bromos tähendab hais . Broom leidub merevees , underground soolakaevanduses ja sügav soolvees auku. Suur kasutamine broom on tootmabensiini lisaaine nimega etüüldibromiidi . See ühend eemaldabpliid pärastpõlemist bensiin takistadesmoodustamine plii hoiused. Broom on äärmiselt mürgine ja põletabnaha . Peale selle mürgised aurud võivad kahjustada nina ja kurku.

KRYPTON
Atomic number : 36
Keemiline sümbol : Kr
VIII rühmaNoble Gases

1933 Linus Pauling vaidlustas idee , et väärisgaasid keemiliselt inertne. Olemasoluühend ta ennustada krüptoonlaseri ja fluor , kinnitati 1966 . Krypton onlõhnatu , maitsetu , värvitu täiesti kahjutu gaas . Tema peamine kasutus on " neoon " tuled, mis on osakaasaegse maastiku . Kui suletud klaastoru ja allutatakse elektrilahendus , krypton toodabkahvatu violetne värvus kasutada lennujaama lennurada ja lähenemine tuled. Krypton kasutatakse ka segatud xenon kõrge intensiivsusega lühiajalise kokkupuute foto- välklambid ja strobo tuled.

RUBIIDIUMI
Atomic number : 37
Keemiline sümbol : Rb
IA rühmLeelismetallid

Rubidium onhõbedane , väga pehme väga reaktiivne metall , mis põletab spontaanselt õhu käes . Samuti reageerib ägedalt veega annab välja suurtes kogustes vesinikku et kohe lahvatab leekide tõttusoojusreaktsiooni. Rubidium on liiga reaktiivne eksisteerimast puhas metall looduses ja mõned rubidium sisaldavad mineraalid on teada. Rubidium vähe kaubanduslikku väärtust. Metall avastati 1861 Saksa keemikud Robert Bunseni ja Gustav Kirchoffi. Nad määrasid talle spektrijoonte lisandina paljude leelismetallid nad uurisid.

STRONTIUM
Atomic number : 38
Keemiline sümbol : Sr
IIA rühmleelismuldmetallid

Strontsiumi on vähe kaubanduslikul eesmärgil kasutamise ja selle ühendid on leidnud vaid piiratud rakendamine tööstuses. Kuna strontsiumi soolade nagu strontsiumkarbonaadil paisata iseloomulik punane värvus, kui nad põletada neid kasutatakse maanteel hoiatus rakette ja ilutulestikku. Üks isotoopide strontsiumi, Sr -90 on radioaktiivsete toodete tuuma plahvatused ja võib saastada suurte alade keskkonna kaudu sadenemine atmosfäärist. Kuna strontsiumi 90 on toodetud, kui lõhustumise uraani ettevõtjatele tuumareaktorite peab olema pidevalt valvel, et vältida selle juhuslikku keskkonda viimise.

ütrium
Atomic number : 39
Keemiline sümbol : Y
Rühm III B siirdeelement

Ütrium leitakse väikestes kogustes maakoores, kuid kivid tagasi toonudMoon oliootamatult kõrge ütrium sisu. Kui nende temperatuur langetatakse ainult paar kraadi üle absoluutse nulli, peaaegu kõik metallid ei näita elektritakistuse üldse. Väga madalatel temperatuuridel on ebapraktilised aga. 1987 kuulutasid teadlasedavastus ühendi ütrium, vask ja baariumi oksiid, mis oli üli juures 93 kraadi kelvinit. Muud segud, see element uuritakse ja on optimism, et üks neist oleks osutuvadpraktiline kõrge temperatuur superconductor.

tSIRKOONIUMI
Atomic number : 40
Keemiline sümbol : Zr
IV rühm B siirdeelement

Tsirkoonium on tugev, vastupidav metallist. Tema võime taluda kõrget temperatuuri tõttu on ideaalne koostisosa kuumakindel materjalidekosmoselaev. Tuntuim ühend tsirkooniumi onmetallist tsirkoon. Ta on tuntud juba ammustest aegadest ja isegi osutatud Piiblit. Leituderinevaid värve, kuikristall on lõigatud ja poleeritud seda loetaksepoolväärismetallid gem. Zircon onväga suur murdumisnäitaja. Sellepärast selle värvusetud kristallid onebatavaline sära ja mõnikord kasutatakse asendajaid teemandid.

NIOOBIUM
Atomic number : 41
Keemiline sümbol : Nb
Group VB siirdeelement

Metall nioobium on oluline ajaloos suur ülijuhtivus . Sulam , mis koosneb nioobiumi ja germaanium on võimeline taluma suuri voole lubavaehitus ülijuhtmagnetite selliste vahendite tuumamagnet resonants skännerid meditsiinilises diagnostikas . Nioobiumi lisatakse terasest eriotstarbeks . Kõrgetel temperatuuridel piirid väikesed terad , mis moodustavad roostevaba nõrgestada ja roostetama kergemini kui ülejäänud terasest. Lisaks nioobiumi takistab seda juhtub võimaldab terasest taluma palju kõrgematel temperatuuridel ülima pinge alla .

MOLYBDENUM
Atomic number : 42
Keemiline sümbol : Mb
VI rühm B siirdeelement

Molübdeen onraske hõbedase metallist. Üsna suur hoiused molybdenite leidub Colorado, USA . Steel molübdeeni sisaldavad sobib hästi õhusõidukite ja auto mootori osad . On taluma temperatuuri ja rõhu muutused toimuvad pidevalt sissemootor. Samal põhjusel on valmistamisel kasutatud relvi ja kahureid . Üks radioaktiivsed isotoobid , molübdeen - 99 kasutatakse haiglates , et genereerida tehneetsium- 99 , mis on väga kasulik pildistada siseorganite pärast seespidiselt .

tehneetsiumiks
Atomic number : 43
Keemiline sümbol : Tc
VII rühm B siirdeelement

Technetium oli esimene element tuleb toota laboris teise element.Logically see on oma nime saanudkreeka teknetos tähendab kunstlik . Iga isotoop on radioaktiivne , lagunemisel moodustamaksisotooperineva elemendi . Täna tuumareaktorite toota üks kasulik isotoope tehneetsiumiks , tehneetsium- 99m . Kui seda süstitakse veenidesse patsiendi puhul isotoobi keskendub teatud elundites ja radioaktiivsus paljastadafotoplaat paljastavad , kuidas need organid toimivad .

ruteenium
Atomic number : 44

Keemiline sümbol : Ru
VIII rühma B siirdeelement

Ruthenium on haruldane element , mis on tavaliselt taaskasutadatoote kohta
rafineerimise plaatina kaevandamine . Peamiselt ruteenium kasutatakse katalüsaatorina
tööstusprotsessides . Seda on kasutatud näitekskatalüsaatori saamiseks vesiniku gaasi
otse lõhestades veemolekulid mitte electrolysis.Rutheniumis kasutatakse
kajuveelitootmises nagukõvenemise lisandina plaatina ja lisatakse tihti titaani
parandada selle korrosioonikindlus . Muud sulamid ruteenium kasutatakse sulepeaga
punkte ja eriline elektrilised kontaktid .

roodium
Atomic number : 45
Keemiline sümbol : Rh
VIII rühma B siirdeelement

Roodium on haruldane , väga raske hõbedase hall metallist. Ta avastas William
Wollaston 1803 . Ta nimetas selle pärast kreeka sõnast rhodon Rose sest paljudsoolad
on roosakas värvus . Seda kasutatakasekatalüsaatorite autode . Heitgaasid on suur
õhusaaste allikas . Katalüüsmuundur on täis väike katalüütiline helmed sisaldavad
plaatinat, pallaadiumi ja roodiumiga , mis muudavad kuumade heitgaaside , mis läbivad
need ohutud tooted .

PALLADIUM
Atomic number : 46
Keemiline sümbol : Pd
VIII rühma B siirdeelement

Palladium on pehme hõbevalge metall , mis meenutab plaatina . On väga
tempermalmist ja plastiline . Huvitav kasutamise pallaadiumi kerkinud kui see oli
õnnekombel kindlaks , et see oli kasulik vähkkasvajate ravis , inhibeerides raku
jagunemist ja suhteliselt kõrvalmõjudeta . Mis poolestusaeg vaid 17 päeva
,palladium103 isotoobi suudab võimas kiirgusdooside hävitada vähk ja siis kaovad veidi
ülekuu .

SILVER
Atomic number : 47
Keemiline sümbol : Ag
IB Transition Element (mündisüsteemi Metal)

Silver on üks väheseid metalle leidub vaba riigi olemus ja selle tähis Ag pärineb
ladinakeelsest sõnast argentum , mis tähendab, hõbe . See onrahasüsteem metal
alates Piibli aegadel võibolla isegi varem . Kõik metall -, hõbe on parim dirigent soojust

ja elekirit. See ei ole tavaliselt kasutatakse kodus juhtmed sest kulu vaid kasutatakse laialdaseltvalmistamiseks kvaliteetne elektroonikaseadmeid.

CADMIUM
Atomic number : 48
Keemiline sümbol : Cd
Grupp II B siirdeelement

Kaadmium on olemas selline suur koguses tsinki maagid et tegemist on üldiselttoodete tsingi rafineerimine . Suuremate kasutamineon metall galvaanilise terasest ennetada korrosiooni . Seda kasutatakse harvemini kui tsink , sest see on vähem rikkalikult ja onkalduvus põhjustada terviseprobleeme . Võime kaadmiumi neelavad neutroneid on väga oluline projekteerimise tuumareaktorite kontroll vardad . Kaadmiumi kasutatakse kapunane ja kollane pigment tegemisel värviga .

INDIUM
Atomic number : 49
Keemiline sümbol : In
III rühmPost siirdemetallide

Indium on haruldane sinakas valge metall piisavalt pehme, et jätta jälgi ennast , kui tugevasti hõõruda vastu teiste metallidega . Pure indium on vähe kaubanduslikke rakendusi ja see on peamiselt kasutatudsulam teiste metallidega . Sulamid indium ja hõbe ja indium ja plii on paremad dirigendid kui hõbe või viia üksi . Nad on leitud ka kasutusalad valmistamisel transistorid foto rakke. Indium kiled on sageli sisestatakse tuumareaktorite kontrollida tuumareaktsiooni . Kiirus, millega need kiled saanud radioaktiivset teenibväärtuslik mõõtminereaktsioonid toimuvad .

TIN
Atomic number : 50
Keemiline sümbol : Sn
IV rühmPost siirdemetallide

Tin oli üks esimesi metalle , mida inimesed. Bronze , sulam vase ja tina kasutati Egiptuses enam kui 5000 aastat tagasi. Täna kasutatakse peamiseltlegeerimine agent ja teha plekiga , mis on terasest linad kaetudõhukest tina . Kuna tina kaitseb terast toidu happed , plekiga oli kasutatud konservikarbid toiduainete kuid nüüd on suuresti asendatud plastist ja alumiiniumist . See on ükskõige tempermalmist metallide tuntud .

antimoni
Atomic number : 51
Keemiline sümbol : Sb
VA Metalloid

Antimon on kõva , rabe , kristalliline , hallikas , tahke . Kuigi tuntudmetalli, mis onväga halb elektrijuht . Maagi , mis toimib esmane allikas on mineraalse stibnite . Must ühend , seda kasutati iidsetel aegadel tumedamaks naiste kulmud. Kasutatakse ulatuslikultantimoni on ühised ohutus mängu. Peamatchstick sisaldab segu antimoni trisulfiidse jaoksüdeerija nagu kaaliumkloraat . Antimon on mõne muu äripinna rajamist . Sulamina see võib suurendada kõvadus paljude metallidega .

TELLUUR
Atomic number : 52
Keemiline sümbol : Te
VI rühmMetalloid

Telluurimurd on haruldane hõbevalge metalloid . Erinevalt tüüpilistest metallid on haprad javaene elektrit . Telluuri on ükspaar elemente , mis ühendab kullaga. Ühendid see vorme nimetatakse kulla tellurides ja nad moodustavadväga olulise osa kuld laager maagid . Telluurimurd sageli taaskasutadapoolt toote täiustamise kulla ja ka vaske. Peatoimetaja kasutamine telluuri onlisaaine selliste metallide nagu vask ja roostevabast terasest luuasulam , mida on lihtsam masinasalgmetall .

IODINE
Atomic number : 53
Keemiline sümbol : I
Group VIIA halogeenid

Jood onlilla must tahke leitud vetikate , soolvees kaevude ja meres. Kuigimürk , mis on üks selle levinumad kasutusviisid onantiseptiline lahus Tinktuura joodi. Joodisoolad lisatakse lauasool ja loomasööta . Seda tehakse jood on oluline komponent hormooni türoksiini nõristab kilpnääre ja aitab tagada, etalatalitlus nõuetekohase toimimise. Hõbejodiidi onvõime moodustada tohutu hulk kristalle - tervelt miljon miljard üks gramm - toimivaid tuumasid vihmapiiskade moodustumise .

XENON
Atomic number ; 54
Keemiline sümbol : Xe
VIII rühmaNoble Gases

Xenon olemas atmosfääri ainult jälgedena . Nagu teisedki väärisgaasid see eksisteerib monoatomaarse molekul , millel pole värvi lõhn või maitse . In 1962 , Neil Bartlettinglise keemik tegi esimese väärisgaasi ühend . Ta kombineeritud xenon ja plaatina heksafluoriidi ja palju oma hämmastust saadudtahke , kollane - oranž ühend, mis koosnes molekulid xenon, platinim ja fluor . Praeguseks ksenooni ja krüptoon onainult väärisgaasid tuntud ühendeid . Sarnaselt teiste väärisgaasid xenon kasutatakse elektri elektrilahendustorusid valgus .

TSEESIUM
Atomic number : 55
Keemiline sümbol : Cs
IA rühmLeelismetallid

Pure tseesium on pehmemat metall teada . Ekstreemseid reaktsioonivõime teinud kasulik kõrvaldades soovimatu gaasid vaakumsüsteemid näiteks seestelevisioon toru . Isotoobi tseesium- 133 toimib maailma ametlik meede aega. Teine on mõõtakiirgusest tseesium 133 aatomit , kui see on põnevilvälist energiaallikat , mitte nii Maa pöörlemist ümber Päikese , kuna see oli varem. Teine on kirjeldatud kuikulunud aeg täpselt 9192531770 vibreerimist kiirgusest caesuim - 133 aatomi .

BAARIUMI
Atomic number : 56
Keemiline sümbol : Ba
IIA rühmleelismuldmetallid

Invormis lahustuvat soola , baariumi on üsna mürgised . Teisalt on lahustumatud vormid on kahjutuinimkehas . Radioloogidel kasutada baariumsulfaat uuridapatsiendi seedetraktis koos Xrays.Barium kohal on kamitmed muud kasutusviisid põhineb tema madal lahustuvus vees ja valge värvusega . Seda kasutataksevalgendaja on fotoplaadid ja täidisena kirjalikult paber, plast ja tehiskiud . Baarium metal on vähe kaubanduslikke rakendusi , sest oma valmisolekut reageerida hapnikuga ja niiskust.

lantaani
Atomic number : 57
Keemiline sümbol : La
Rühm III B haruldaste muldmetallide Element (lantanoidid)

Lanthanum on esimeneharuldaste muldmetallide element seeria . On tavaline, et leida paljude haruldaste elementide segatuna kokkuühtse mineraal . Ilmselt kõige olulisem kasutamine lanthanide ühendid on valmistamistelektroodidkõrge intensiivsusega süsinik kaarlambid kasutada prožektorid , stuudio valgustus -ja mängufilmide projektorid . Lantaan ja selle isotoobid on leitudfragmente, mis tekivad siis, kui uraani lõhustumist . See oli avastus lantaannitraatheksahüdraati isotoope , samuti need baariumi saksa keemik Otto Hahn , et lõpuks viiaidee tuuma lõhustumise .

tseeriumiühendid
Atomic number : 58

Keemiline sümbol : Ce
Rühm III B haruldaste muldmetallide (lantanoidid)

Tseeriumiühendid sai nime asteroid Ceres kelle avastus 1801 tekitanud suurt elevust teadusmaailma. Puhas metalne kujul cerium ei olnud valmis alles 1875 . Onraud hall metallist , mis on üsna tempermalmist ja plastiline . Tseeriumiühendid samaselt lantaani kasutatakse kaubanduslikult moodustamaks elektroodidkõrge intensiivsusega süsiniku kaarlambid . Naguoksiidi tseeriumi kasutatakselisandinaseinad isepuhastuv ahjud , kus näib , et vältidabuildup keetmine jääke.

praseodüüm
Atomic number : 59
Keemiline sümbol : Pr
Rühm III B haruldaste muldmetallide (lantanoidid)

Selle avastas Carl Auer von Welsbach ,Austria parun , kes oli huvitatud mineraloogia . Puhas metall eraldatakse selle maagid ioonvahetuskromatograafia tehnikat. Vahetamise protsessi kasutatakse , et isoleerida ühte liiki ioon asendades selle teise . Ühes sellises protsessistoimeaineks onvaik koosneb suured molekulid , millel onnetlike struktuuri. Vaik sisaldab mobiil ioonid lõdvalt ühendatud net. Kuilahust sisaldavatemuude ioonide läbibvaiku , nad asendavadliikuva ioonid seejärel valguvadnet.

NEODÜÜM
Atomic number : 60
Keemiline sümbol : Nd
III rühmharuldaste muldmetallide (lantanoidid)

Onmagnet ainet kasutada luua mõnedkõige võimsam magnetitemaailma. Supermagnets on tuntud NIB magneteid , kuna need sisaldavad rauda ja boori well.they on nii tugevad, et kaks väikest magnetid vajutage pool ühte kätt ilma alla. Nd magnetit ainult poole tollise läbimõõduga on piisavalt tugev , et reageerida magnetmaterjalid trükivärviga kasutatud paberraha ja mida saab kasutada , et tuvastada võltsitud . Samuti on kasutatud roosavärvilise prille !

promethiumi
Atomic number : 61
Keemiline sümbol : Pm
Rühm III B haruldaste muldmetallide (lantanoidid)

Ei jälgegi promethiumi ole leitud maakoores , kuid see on leitudspekter mitu tähteAndromeda galaktika . See on sünteetiline haruldane element tehtudtuumakiirenditele ja tuumareaktorit . Kui neodymium läbibintensiivne neutronkiirgus oiemasreaktor , konverteeritakse see promethiumi . 28 isotoopeelement on silani sünteesiti kõik on radioaktiivne. Väga vähe teadakeemilised ja füüsikalised omadused puhta promethiumi .

SAMAARIUM
Atomic number : 62
Keemiline sümbol ; sm
Rühm III B haruldaste muldmetallide Element (lantanoidid)

Peamine maagid samaariumile on bastnasite ja monazite . Monazite maagid sageli sisaldavad nii palju kui 50 % oma kaalu haruldaste muldmetallide leidub jõe lihvib India ja Brasiilia ning Florida rannas sand.In puhtal kujul samaariumile on hõbevalge paiste ja on üsna vastupidavad oksüdeerumise . Metalli aga iseenesest süttida madalatel temperatuuridel. Mõned ühendid element kasutatakse formeerima püsimagnetid . Samaariumi oksiid on suurepärane absorber infrapunast kiirgust ja lisatakse selleks , et erinevat tüüpi klaas ja infrapuna tundliku fosforit.

euroopium
Atomic number : 63
Keemiline sümbol ; Eu
Rühm III B haruldaste muldmetallide Element (lantanoidid)

Europium on üks haruldasemharuldasi muldmetalle . Aastal 1901 prantsuse keemik Eugene - Anatole Demarcay Lõpuks eraldatakselisandinasamaariumile - gadoliiniumist proovis ta õppis ja kindlaksmääratud lisandi naguus element . Pure euroopiumiga on üsna pehme ja hõbevalge . On üsna plastne ja ükskõige reaktiivne kohtaharuldaste muldmetallide . Europium oksiid on üsna laialt kasutatavlisaaine , et parandada tõhusust punane fosfor televisioon ja arvuti monitori. Seda kasutatakse ka suurendada energiatõhusust luminofoorlambid.

GADOLIINIUMI
Atomic number : 64
Keemiline sümbol : Gd
Group IIIA haruldaste muldmetallide Element (lantanoidid)

Kaks isotoope gadoliiniumist on kõige tugev amortisaatorid neutronite . Kuigi nende vähesus piiranguid , on need , mida kasutatakse kontrolli vardad tuumareaktoreid. On ferromagnetilised tähenduses , et see on väga tugevalt meelitavad magnetid. Kuid selle Curie punkti ,temperatuur, mille magnetilise materjali kaotab oma magnetismi ligikaudu toatemperatuuril. On tõestatud väärtuslikudtehnikat sondeerimisesisemuse metalle nimetatakse neutron radiograafia . Seda kasutatakse lennufirma ja laevaehitus tööstuste otsida varjatud puudused ja nõrgad kohad kestad ja fuselages .

Terbium
Atomic number : 65
Keemiline sümbol : TB
Rühm III B haruldaste muldmetallide Element (lantanoidid)

Inpuhas metalli vormis terbium on hõbevalge , Sepised , plastiline ja piisavalt pehme, et lõigata noaga . Ta kannabsarnasust viia , kuid see on palju raskem . Nagu plii on üsna vastupidavad korrosiooni. Ühendid terbium on asutab kasutuseks eriline laserid ja fosforiga , et toota rohelist värvi kineskoopides ja arvuti monitori. Muude rakenduste hulkasulamite erilist magnetilised omadused kasutamiseks laserplaadi javäljamõeldis kõrglahutusega röntgen ekraane.

Düsproosium
Atomic number : 66
Keemiline sümbol : Dy
Rühm III B haruldaste muldmetallide Element (lantanoidid)

Düsproosium ridadesse üheksas arvukus seasharuldaste muldmetallide sisse maakoores . See avastati 1886 by prantsuse keemik Paul- Emile Lecoq de Boisbaudran proovis Erbium oksiid . Ta põhjendas oma nime kreeka sõnast dysprositos mis tähendab raske saada on . Pure Düsproosium ei olnud enne 1950 , kui kaasaegne keemilised tehnoloogiad nagu ioonvahetuse eraldamine töötati. Düsproosium meenutab enamik teisi haruldasi muldmetalle . See on piisavalt pehme, et lõigata noaga , on läikiv hõbedane värv ja on suhteliselt stabiilne õhus .

holmium
Atomic number : 67
Keemiline sümbol : Ho
Rühm III B haruldaste muldmetallide Element (lantanoidid)

Aastal 1878 , kaks Šveitsi teadlased märganud holmium iseloomulik spektraalne read , kuid ei suutnud neid identifitseerida. Nad nimetatakse tundmatu allikasspektrijoonte element X. Peagi 1879 rootsi keemik Per Teodor Cleve eraldada ja tähistadaelement töötadesmineraal nimega erbia . Pure metallik holmium mis ei olnud enne üsna hiljuti on helge hõbedase värvi. On üsna korrosioonikindel kuiv õhk aga tarnishes kiiresti niiskes õhus moodustades kollaka oksiidi . Muud kui selle kasutusvärvi klaasist , see on vähe kaubanduslikke rakendusi .

erbium
Atomic number : 68
Keemiline sümbol : Er
Rühm III B haruldaste muldmetallide Element

Erbium avastas Carl Gustaf Mosander kollases oxide et ta isoleeritudmineraal ütriumoksiidiga . Mosander nimegaelement Rootsi küla Ytterby ala suurte kontsentratsioonide ütriumoksiidiga ja Erbium . Põhiallikatena Erbium onmineraalid xenotime ja euxerite . Erbium samuti teisi haruldasi muldmetalle on tegelikultlisandina need maagid . Kaubanduslike rakenduste Erbium on üsna piiratud . Selle oksiidid lisatakse sageli klaasi ja emaili glasuurid värvida neid roosa . Klaasi kasutatakse sageli päikeseprillid ja odav ehted .

tuulium
Atomic number : 69
Keemiline sümbol : Tm
Group IIIB haruldaste muldmetallide Element (lantanoidid)

Tuulium on Maal haruldane element , mis on väga vähe. Seda esineb väga väikestes kogustes ettevõtte teisi haruldasi muldmetalle . Rootsi keemik Per Teodor Cleve avastas element 1879 ja nimeks Thule iidne nimi Skandinaavias. Peamiseks allikaks tuulium on mineraalse monazite mis koosneb umbes 7/1000 1% tuulium . See on vähe kaubanduslikke rakendusi peale kasutatakse lasereid . See on kallis , kuid väga väheon metalli eksperimenteerimiseks .

Üterbium
Atomic number : 70
Keemiline sümbol : YB
Rühm III B haruldaste muldmetallide Element (lantanoidid)

Üterbium esimene haruldane element avastamist leidub tagasihoidlik arvukus maapõueseaduse ja alati firma haruldaste muldmetallide . Selle avastasprantsuse keemik Jean de Marignac 1878 kuikomponentmineraal tuntud erbia ja nimegaRootsi külas Ytterby tuginedes oma kõrge kontsentratsiooni erbium . Pure Üterbium metal ei olnud uuringu kuni 1953 . Selle kaubanduslike rakenduste onlegeerimine agent roostevabast terasest . Teatud sulamid on kasutatud ka hambaarsti .

Luteetsium
Atomic number : 71
Keemiline sümbol : Lu
Rühm III B haruldaste muldmetallide Element (lantanoidid)

Kuigi ta ei ole kunagi ametlikult avaldas oma tulemused , USA keemik Charles James peetakse praegu on avastanud Luteetsium 1907. Working esimestel 1900 on ülikoolis New Hampshire, James sai suur jõud tootmise haruldaste muldmetallide . Tema ja tema õpilased töötleb tonni maagi ja töö kaudu Kristalliseerumisprotsessis toota ühte proovi . Pure Luteetsium metall on raske ja kallis valmistada. See on kõige raskem ja kõige raskema haruldaste muldmetallide element . No kaubanduslikke rakendusi on välja töötatud.

HAFNIUM
Atomic number : 72
Keemiline sümbol : Hf
IV rühm B siirdeelement

Hafnium omadusi , samuti tema ajalugu on tihedalt seotud tsirkooniumi , Paljud olid ennustanud olemasolu element 72 aga mõjuvõimul selle keemilised twin seganud tema identifitseerimist. Peamine kasutus hafnium põhineb ühel oma mõned erinevused tsirkooniumi . Tema võime absorbeerida termiline neutronid teebkasulikku materjali reaktori kontrolli vardad. Peamised eelised hafnium võrreldes teiste varda materjalid on selle tugevus ja vastupidavus korrosioonile . Kahjuksüsna suur reaktori maksumus hafnium vardad saab $ 1000000 või rohkem .

tantaali
Atomic number : 73
Keemiline sümbol : Ta
Group VB siirdeelement

Tantaali on väga raske ja väga raske metall . Selle keemiline inertsus teeb tantaal väga resistentsed nii aineteinimkehas. See on toonud kaasa hulgaliselt rakendusi hambaravi ja meditsiiniline operatsioon. Tantaal nagulegeerimine agent aitab korrosioonikindluse venivust , kõvaduse jakõrge sulamistemperatuurimitmesuguseid muid metalle. Järjekordne suur kasutamine tantaal on ehitamisel väike kuid võimas elektrolüütkondensaatorid . Need kondensaatorid on spetsiaalselt kasulikminiatuurne elektroonikalülitusest et keskmes selliseid seadmeid nagu mobiiltelefonid ja arvutid.

Hõõglamp
Atomic number : 74
Keemiline sümbol : W
Group VIB siirdeelement

Ükstähtsamaid kasutusviise volfram onvalmistamisel kiududeühise lamp. Volfram on kõrgeima sulamistemperatuuriga -3410 kraadi C ja kõrgeim keemistemperatuur 5900 ° C - mis tahes metallist. Kõrge temperatuuri rakendused volframit vahemikus küttekeha elektriradiaatorid etpihustidraketti ruumi sõidukeid. Elektri voolab läbikeritud traat volframit toodab piisavalt soojust , etjuhe valge kuum . Et vältidametalli ülekuumenemise inertsed gaasid nagu lämmastik ja argoon on suletudbulb sisaldavadvolframist hõõgniidi .

reenium
Atomic number : 75
Keemiline sümbol : Re
 Group VIIB siirdeelement

Rhenium üks haruldasemaid elementide avastati plaatina kaevandamine Saksa keemikud Ida Tacke , Walter Nodack ja Otto Carl Berg 1925 . Onäärmiselt tihe metall hõbedase hall läige ja sulamistemperatuur ületas ainult volfram ja süsinik . See onalus reeniumi kasutamist kombinatsioonis volfram teha termopaaride temperatuuri mõõtmiseks koguni 2000 kraadi C. reeniumi on peamiselt kasutatakselegeerimine agent valmistamist metall , mis on kulumiskindel nagu nõutakse elektriline lüliti kontaktide ja elektroodide .

osmium
Atomic number : 76
Keemiline sümbol : Os
Group VIIIB siirdeelement

Kunapuhas metall on raske teha , osmium sageli valmistatud nagupulber , mis seejärel vormitakse tahke mass kuumutades. Pulber oksüdeerub õhus ja aeglaselt eralduvate tugeva lõhnaga mürgine gaas , mis võib põhjustada kopsude ja naha kahjustusi . Emissiooni mürgiseid oxide gaas muudab kasutamise osmium metal ebapraktiline . Legeeriva lisandi aga see on täiesti ohutu ning mida kasutatakse peamiselt teha raske sulamid, nagu metallid nagu plaatina ja iriidiumi . Selliseid sulameid kasutatakse elektriline lüliti kontaktid , fonograaf nõela ja sulepeaga vihjeid.

IRIDIUM
Atomic number : 77
Keemiline sümbol : Ir
VIII rühma B siirdeelement

Iridium onrabe kollakas valge väärismetalli. Üldiselt on leitud maagid , mis sisaldavad plaatina või nikkel . Eraldades selle kõnealuste maakide on töömahukas ja kulukas ülesanne, mis on õigustatud ainult samaaegse taastamine plaatina ja nikkel . Peatoimetaja taotluse iriidiumi onlisandina plaatina luues sulamid , mis suurendavadkõvadustViimasel metallist. Iriidiumi korrosioonikindluse muudab samuti kasulikudvalmistamise seadmeid , mis vajavad absoluutset puhtust nagu nõelad ja rakettmootori .

PLATINUM
Atomic number : 78
Keemiline sümbol : Pt

VIII rühma B Transition Element (Precious Metal)

Paljud Kasutab plaatina ära selle keemilise stabiilsuse ja inertsus . Seda kasutatakse nafta rafineerimine, hambaravi,keraamika tööstuse ,elektri-ja elektroonikaseadmete tööstusharude ja on kõrgelt hinnatud tegemise ehteid . Platinum on kasulik ka autotööstuses . See aitab keemiliste reaktsioonide et koristada heitgaaside kategooriasmootorid autode ümberehitamiseks süsinikmonooksiidi ja põlemata kütust vette ja süsinikdioksiid . Lisaksbaar iriidiumi plaatina sulamist teenib maailmas standardikskilogrammi põhiüksus mass meetermõõdustikus .

GOLD
Atomic number : 79
Keemiline sümbol : Au
IB Transition Element (Precious Metal)

Gold kaubeldakse kaupade vahetust jakõikumised hind peetakseindeks tervise majanduses . See on kõige plastiline ja tempermalmist kõiki metalle . Kuna see on ka ükskõige reageerimatud , võib säilitada oma särava läikega . Looduses kuld on tavaliselt leitud kuipuhas metall , sageli tükid või helbed . Puhtuse mõõdetakse karaati . Puhas kuld on öelnud, et 24 - karaadise kullaga . Sest see on väga pehme , aga kõige kuld ehted on valmistatud 18 karaadise kullaga .

MERCURY
Atomic number : 80
Keemiline sümbol : Hg
Grupp II B siirdeelement

Elavhõbe onainus metall, mis on toatemperatuuril vedel ja jääbvedel üleväga lai ja mugav temperatuurivahemikus . Mõned ühise majapidamise tooteid, mis sisaldavad elavhõbedat on termomeetrid , baromeetrid , termostaadid, vaikne seina lülitid ja luminofoorlampide . Tööstuslikud rakendused elavhõbedat sisaldavad difusioon ja elavhõbedalambid et genereeridasinakas valge tuled tänavavalgustus . Veel üks kasulik omadus elavhõbe on võime lahustada teiste metallidega , moodustades sulamid tuntud amalgaamid . Hambaarstid kasutavad sageli hõbeda elavhõbeamalgaam täita hambad.

THALLIUM
Atomic number : 81
Keemiline sümbol : Tl
III rühmPost- Transition Metal

Ühisest allikast tallium on tsingi ja plii rafineerimine . See sepistamiseks ja heavy metal on üsna aktiivne ja aeglaselt corrodes õhus . Tallium ja selle ühendid on väga mürgised ja on tõendeid, et see võib tekitada vähki. Isegi kontakti nahaga võib olla ohtlik, kuigi äärmiselt madala kontsentratsiooni tallium on kasutatudraviks ringworms . Talliumnitraat onlõhnatu ja maitsetu mürk , mis oli varem kasutatud tappa rottide ja putukate kuid nüüdseks on keelatud paljudes riikides.

LEAD
Atomic number : 82
Keemiline sümbol : Pb
IV rühm

Plii onväga tempermalmist metallist , mida saab kergesti töötanud teha riistad igasuguseid. Lead münte ja skulptuur on leitud Egiptuse haudade ulatuvad tagasi 5000 aastat eKr. Seda kasutatakse laialdaselt teha elektroodid pliid akumulaatorid . Plii on ka oluline osa joodist kasutatakse tegemise elektriühendused on trükkplaate arvutid ja televiisorid. Klaas ekraanidele televiisorid sisaldavad pliid kilp vaataja kiirgus . Tegelikult iga teleri sisaldab ligi pool kilo plii .

vismut
Atomic number : 83
Keemiline sümbol : Bi
VA Post siirdemetallide

Vismutvalge rabe metall, mis on kerge kollasust . Ühend vismutsubnitraat on kasutatudantatsiidihaavandi ravis . Bismuth oksiid on populaarne kollane pigment , mida kasutatakse kosmeetikatoodetes . Nagu vesi vismut ükspaar ainete paisub see muutub vedelast tahkisena . See majutusasutus on kasutatud sulameid , mille maht jääb samaks , kui nad tahkuma . Metallid legeeritud vismuti saab kasutada korpuseid ja hallitusseened , et säilitada nende täpne suurus isegi kui täis sula metall .

poloonium
Atomic number : 84
Keemiline sümbol : Po
VI rühmMetalloid

Avastus poloonium Marie ja Pierre Curie 1898 defineerib üks suur hetki teaduse ajalugu viibkaasaegne kontseptsioon aatomituum jaarusaamist oma struktuuri. Poloonium on 27 tuntud isotoopi, ja kõik neist ei ole radioaktiivne. Üks kõige käepärast on poloonium 210 , hõbedase metalloid mis on üsna kõikuv ja 100,000 korda mürgisem kui tsüaniid . Radioloogiliste laborite isotoobi segatud pulbristatud berülliumi kasutatakse sageli toota suurtes kogustes neutroneid ilma kasutada tuumareaktorites .

astatiin
Atomic number : 85

Keemiline sümbol : Kell
VII rühmhalogeenid

Väikestes kogustes astatiin olemas loomulikult nagulagunemissaadustest uraani ja tooriumi . Astaat oli esimene toodetud 1940 meeskond radiochemists pomm vismut alfaosakestega . Ainult umbes 1 miljondikgrammi astatiin on tegelikult toodetud kunstlikult ja seega ei ole üllatav, et on vähe teada selle omadusi . Selle keemia peaks olema suhteliselt sarnane joodi kuigi on möningaid töendeid , et see võib olla veidi metallilise .

RADOON
Atomic number : 86
Keemiline sümbol : Rn
VIII rühmaNoble Gases

Radoon tekib üks produktide radioaktiivse lagunemise uraan ja toorium . Radoon - 222 , pikim elueaga isotoop on leitud olulisi kontsentratsioone SA Gaas pinnases sest jälgedena uraani leidub maakoores . Kuigi see kasvab , tubaka suhtes saastatuse radoon pinnasest jauraani rikas fosforväetistest kasutada istutus. Kuitubakas sigareti põletatakse ,sissehingatud suits allutab suitsetaja kiirgusannuseid 1000 korda suurem kui puutuvad kokku töötajatuumaelektrijaamas.

FRANTSIUMI
Atomic number : 87
Keemiline sümbol : Fr
I rühmLeelismetallid

Frantsium onraskemaleelismetallide ja ükskõige ebastabiilne tuntud . Kõik selle isotoobid on radioaktiivsed veel isegi pikima elueaga isotoop frantsiumi - 223 poolestusaeg on ainult 21 minutit. Selle 30 tuntud isotoopi , vaid frantsiumi 223 on looduses . Kõikmuud isotoobid frantsiumi toodetakse kunstlikult kiirendeid ja tuumareaktorid ja on liiga ebastabiilsed, uuritud tahes sügavust. Element avastati 1939 by Marguerite Perey töötabCurie Instituudist Pariisis . See on nime saanud riik, kus see avastati.

RADIUM
Atomic number : 88
Keemiline sümbol : Ra
II rühm-leelismuldmetallid

Radium avastas Marie ja Pierre Curie 1898 . Avastamist raadium ja poloonium , Marie Curie pälvis Nobeli preemia keemias . See oli tema teine ; ta jagas esimene koos abikaasa ja Henri Becquerel 1903 avastuste radioaktiivsusest.

Pure raadium metal on geniaalne valge värv ja on nii luminestsents et see helendab pimedas annab väljanõrga sinine värv . Raadium kasutatakse paljudes meditsiiniasutustes genereeridaradioaktiivset gaasi radooni , mida kasutatakse vähi ravis.

Aktiinium
Atomic number : 89
Keemiline sümbol : Ac
Rühm III B Transition Element (Aktinoidid)

Actinium on radioaktiivne element loomulikult toota radioaktiivse lagunemisekaua elanud elementide raadiumi ja toorium . Väga väikeses koguses see on toodetud kunstlikult ja see on väga piiratud kaubanduses . Selle keemilised omadused sarnanevad lantaani . Samuti nagu lantaani , onesimenerida elemente nimetatakseaktiniidide mis on analoogsed lantaniidideks . Naguharuldaste muldmetallide , neid elemente lisada elektronesisemine orbiidi kilp ja ühesugused füüsikalised ja keemilised omadused .

THORIUM
Atomic number : 90
Keemiline sümbol : Th
Group IIIB Transition Element (Aktinoidid)

Toorium on radioaktiivne hõbevalge metall, tarnishes väga aeglaselt õhu käes . Monazite liiv millest mõned on leitud Florida rannad võib sisaldada upto 10 % tooriumi . Vaatamata oma radioaktiivsus , toorium ja selle ühendid on mitu kaubanduslike rakenduste vallas. See toimibtõhus emitter elektronide elektrooniliste seadmetega. Särav valgus , mis selle oksiidi kiirgab samas põletamine muudab ka kasulik valmistamist teatud kaasaskantav gaasi laternad. Toorium 232 ,isotoop poolväärtusajaga 14 miljardit aastat näitab väga paljutõotav saadaallikas tuumaenergia tulevikus.

protactinium
Atomic number : 91
Keemiline sümbol : Pa
Rühm III B Transition Element (Aktinoidid)

See on üksdefitsiitsemad ja kallimaid kõiklooduslikult olemasolevaid elemente. Vaid paarisaja grammi on saadaval uuring . See napp summa oli suures osas toodetud Inglismaal umbes 30 aastat tagasi , kui ta oli eraldatud 60 tonni maagi hinnaga pool miljonit dollarit . Ei ole palju teada selle füüsikalised ja keemilised omadused. See on hõbedane metallistärav , et ta kaotab väga aeglaselt õhku läbi oksüdatsiooni . Samuti on teada , et väga mürgised.

URAAN
Atomic number : 92
Keemiline sümbol : U
Rühm III B Transition Element (Aktinoidid)

Uraan on viimane ja kõige raskema looduslikult esinevate elementidega . Avastatud
1841 , see oli esimene radioaktiivne element , mis tuleb kindlaks määrata . Hilistel
1930ndatel läbi katseid uraani Saksa teadlased Lise Meitner ja Otto Hahn märkis
protsess, mis oli hiljem tunnistatudtuumalõhustumise . Võimevabanevad
neutronidlõhustumise uraani tuuma ise poolitama uraani tuumade oli kiiresti
kasutavadteadlased , et luua isemajandav ahelreaktsiooni . Kui kontrollitakse , see
reaktsioon toodabenergiat saame tuumareaktorites . Kui mittekasutanud see võib
luuaaatomi plahvatus .

neptuunium
Atomic number : 93
Keemiline sümbol : Np
Rühm III B Transition Element (Aktinoidid)

Neptuunium oli esimene kunstlikult toodetud Transuranium element .
Töötaminetsüklotronisisene atUniversity of California Berkeley 1940 USA füüsikud
Edwin McMillan ja Philip Abelson toodetud neptunium pomm uraani neutronid . Nüüd on
teada, et jälgi koguseid neptunium d tegelikult looduses olemas tulemuselmeetmeid
neutroniteuraani element . Praegu 18 isotoobid neptunium on toodetud kõik need
radioactive.the kõige olulisem ja esimene toota oli neptunium 237 poolväärtusajaga 2,1
miljonit aastat.

PLUTONIUM
Atomic number : 94
Keemiline sümbol : Pu
Rühm III B Transition Element (Aktinoidid)

Plutoonium on 15 tuntud isotoopi kõik neist radioaktiivne. Plutonium 239 onkõige
tähtsam, sest see on kergesti lõhestumist kui pommitatakse termiline neutronid . Nagu
uraan-235 ,tuumad oma aatomite jagatud kaheks vahepealse suurusega tuumade (nn
lõhustumine fragmente) vabastades suurel hulgal energiat ja toodavad rohkem
neutroneid säilitada ahelreaktsiooni . Segatud pulbristatud berülliumi , see on tõhus
allikas neutronite teaduslikku tööd. Plutoonium on võimalik toota suurtes kogustes
tuumareaktorites . Tema arvukus on teinudnumber üks valik tuumarelvi.

ameriitsium
Atomic number : 95

Keemiline sümbol : Am
Rühm III B Transition Element (Aktinoidid)

See avastati 1944 bymeeskond keemikute eestvedamisel Glenn Seaborg.His team
ameriitsium - 241 , üks 14 tuntud isotoopi , mis kõik on radioaktiivne.
Americium 241 valmistatakse suurtes kogustes tuumareaktoreid. Intensiivne gammakiirgus kiirgab see
on päris kasulik, kuikaasaskantav allikas röntgen . Samuti on kasutatud suitsuandurid .

kuurium
Atomic number : 96
Keemiline sümbol : Cm
Rühm III B Transition Element (Aktinoidid)

Curium onhõbevalge metall , mis on väga reaktiivne . Esimene selle 14 tuntud isotoopi
avastamist oli kuurium 242 . Curium 242 ja kuurium 244 on kasutatud energiaallikate
äärealadel. Kiirguse need isotoobid kiirgavad saab ümber soojust ja siis elektri
termoelektrilisest seadmeid. Kuigi see on suhteliselt lühike poolväärtusaeg
,väljundvõimsus kuurium 242 on muljetavaldav , st umbes 2-3 vatti grammi . Need
kompaktsed üksused on kasulik südamestimulaatorid , puldiga navigatsiooni poid ja
ruumi missioone.

Berkelium
Atomic number ; 97
Keemiline sümbol : Bk
Rühm III B Transition Element (Aktinoidid)

Selgus, UC Berkeley 1949meeskond koosneb George Seabory , Stanley Thompson ja
Albert Ghiorso ja nimetati pärast linna . Nad sünteesiti kasutadestsüklotronid
pommitamaproovi ameriitsium 241 alfaosakestega . Kasutades Berkelium 249 , oli
võimalik 1962 saades 3 miljardikgrammi Berkelium kloriidi . Ei kaubandusliku või
teadusliku taotlused on veel välja töötatud .

kalifornium
Atomic number ; 98
Keemiline sümbol : Cf
Rühm III B Transition Element (Aktinoidid)

Selle avastas meeskond keemikud kasutadestsüklotronisisene pommitama kuurium 242
alfaosakestega . Isotoobi kalifornium 252 nimega California osariigi spontaanselt
emiteerib neutroneid . Neutron allikad on mõnikord raske leida . Kumbkituumareaktor on
vajalik või mõned äärmiselt radioaktiivne emitter alfa osakesi nagu plutoonium tuleb
segada berülliumi pulber . Avastusväga portatiivne neutron source näitab palju

võimalikke rakendusi kalifornium 252.It hõlpsalt arvessevaldkondade analüüsi õli laager kihid maa või kaevandamise kulla ja hõbeda .

einsteinium
Atomic number : 99
Keemiline sümbol : Es
Rühm III B Transition Element (Aktinoidid)

Albert Ghiorso ja tema kaastöötajad avastasid selle element 1952 uurides praht vesinikupommi plahvatusePacific.16 isotoobid , kõlge stabiilsem olend einsteinium 254 koospoolväärtusajaga 252 päeva . Enamik neist isotoobid on toodetud kõrge Flux Isotope Reactor Oak Ridge National Laboratory in Tennessee kiiritamise plutoonium 239 intensiivset kiirte neutronid .

fermium
Atomic number : 100
Keemiline sümbol : Fm
Rühm III B Transition Element (Aktinoidid)

Nagu einsteinium , Fermium tuvastati 1952 Ghiorso ja kaastöötajate praht vesinikupommi plahvatusePacific . Isotoobid fermium nime Enrico Fermi tavaliselt sünteesitakse allutades elemendid nagu uraan ja plutoonium intensiivse neutron pommitamisel . Inneutron rikas keskkond ,element nagu uraan saab läbida järjestikuse neutronite haarde sageli neelavad nii palju kui 16-17 neutronite tootaraske Transuraanelementide .

Mendeleevium
Atomic number : 101
Keemiline sümbol : Md
Rühm III B Transition Element (Aktinoidid)

Üheksas kunstlik Transuranium element nimega Dmitri Mendelejevi avastati 1955 by rühm teadlasi all Albert Ghiorso . Jätkavad otsida üha raskemaid elementemeeskond kasutas tsüklotronisisene Berkeley pommitama einsteinium 253 alfaosakestega (heeliumi tuumad) ja lõpuks valmistatud Mendeleevium 256 .väikestes kogustes tegi identifitseerimine väga raske . Sageli on öeldud, et see element sünteesiti üks aatom korraga. Ainult jälgedele Mendeleevium isotoobid on tehtud ja vähe on teada nende keemia .

Nobeelium
Atomic number : 102
Keemiline sümbol : Ei
Rühm III B Transition Element (Aktinoidid)

Loomisel Nobeelium 254 , Ghiorso ja tema kolleegid pommitatakse proovi kuurium 246 süsiniku 12 ioonide abil Heavy Ion Linear Accelerator . 11 isotoobid on siiani sünteesitud ja kõik on radioaktiivne. Nobeelium 259 on pikim elas poolestusaeg 57 minutit. Nimega Alfred Nobel , et see on toodetud piisavalt suurtes kogustes, et võimaldadauuring selle keemilised ja füüsikalised omadused.

Lavrentsium
Atomic number : 103
Keemiline sümbol LR
Rühm III B (Aktinoidid)

Jätkates oma hämmastava string avastusi ,Berkeley teadlased sünteesitud ja eraldatud Lavrentsium 1961 pomm segu 3 isotoope kalifornium boor 10 ja boor 11 ioonide abil Heavy Ion Linear Accelerator . Sihtmärgi kaalutakse ainultpaar miljondikgrammi veelliige suutnud toota Lawrencium 258 koospoolväärtusaeg 4 sekundit . See sai nimeks auks Ernest O.Lawrence , leiutajatsüklotronisisene .

rutherfordium
Atomic number : 104
Keemiline sümbol : Rf
IV rühm BTransactinide

Ajalugu konkureerivaid nõudeid segi nimetades element 104 .Meeskond Berkeley samuti grupp Venemaa väitis krediiti element 104 .American nõude võitis päev . Ta on oma nime saanud New Zealander Ernest Rutherford !

Dubnium
Atomic number : 105
Keemiline sümbol : Db
Group VBTransactinide .

Vaidlusalused nõuded tema avastus vaevavad element 105 1970. Aastal Ghiorso ja tema meeskond Berkeley pommitatakse kalifornium 249 raske lämmastik 15 ioonide ja selgelt tuvastatavelement , mida nad oma nime saanud Otto Hahn ja saadud heakskiitu American Chemical Society. Kuid 1997IUPAC otsustas t nimeks Dubnium . Selle keemilised ja füüsikalised omadused on teada.

Seaborgium
Atomic number : 106
Keemiline sümbol : Sg

VI rühm BTransactinide

Nagu teised kaks vaidlustatud asjaolude , nõude avastamist element 106 koos õige nimetada seda olivaidlus . Aastal 1974 ,Vene meeskond teatas, et nad tootsid unnilhexium . Kuna katsed ei kinnita nende tulemusena on nende nõue oli kaheldav . Umbes samal ajal , teadlased Berkeley teatas avastamist unnilhexium 263 pärast pomm kalifornium 249 hapnikuga 18 . Aastal 1993 , teadlasedLawrence Livermore ja Berkeley Laboratories korrata eksperimenti ja kinnitas tulemus . See sai nimeks auks Glenn Seabory .

Bohrium
Atomic number : 107
Keemiline sümbol : Bh
VII rühm BTransactinide

Aastal 1981 , luua unnilseptium kuulutati füüsikud töötavad Saksamaal Darmstadtis atGSI . Pakutud meeskonnanimi nielsbohrium pärast Neils Bohr . Nende uurimistöö väiteid kinnitas 1992 IUPAC . Aastal 1997 muutsid nad nime Bohrium .

Hassium
Atomic number : 108
Keemiline sümbol : Hs
VIII rühma BTransactinide

Aastal 1984meeskond eesotsas Peter Ambruster ja Gottfried Münzenberg teatas avastamist unniloctium , element 108 . See oli sama meeskond , mis oli sünteesitud Bohrium . Nimi neile pakuti Hassium pärast haasia ladina keeles Saksa riigi Hesse . Aastal 1992IUPAC kinnitas järeldused janimi . Keemilised ja füüsikalised omadused on teada.

Meitneerium
Atomic number : 109
Keemiline sümbol : Mt
VIII rühma BTransactinide

1982Darmstadt meeskond teatas avastamist element 109 pomm vismut 209 kõrge energia raua 58 ioone. Uskumatu kui see ka ei tundu ainult 3 aatomit on loodud ja need lagunesid küsimus 3.4 tuhandiku sekundi . Nad tegid ettepaneku nimetada see pärast Lise Meitner kes oli rusikas kirjeldatud tuumalõhustumise koos Otto Hahn .

UNUNNILIUM
Atomic number : 110

Keemiline sümbol ; uun
VIII rühma BTransactinide

Pärast peaaegu 10 aastat rahvusvahelisi teadlased töötavad GSI Saksamaal edukalt
loodud neli või viis aatomiduus element 110 . Kasutades suure kiirendi sõita nikli
aatomite suurtel kiirustel nad pommitatakseõhuke foolium plii nende kiiresti liikuvate
aatomite niklit. Uus element kiiresti laguneb koost lahti ja laguneb kergemateks
aatomeid. Ta avastati4 alfaosakesi kiirgab ajal lagunemise käigus .

UNUNUNIUM
Atomic number : 111
Keemiline sümbol : Uuu
IBTransactinide

Keemilised omadused element 111 on teadmata . Kuna see asub samas veerus kuld ja
hõbe on arvatavastimetallist. Kiirenes nikli aatomite suurtel kiirustel Saksa teadlased
pommitatakse vismut nende kiiresti liikuvate nikli aatomid . Identifitseerimise see
element on oluline, sest see toetab teooriat , et on olemas" saar stabiilsuse " elementide
lähedal element 114 .Element on poolestusaeg umbes 8 korda suurem ununnilium .

UNUNBIIUM
Atomic number : 112
Keemiline sümbol : Uub
Grupp II BTransactinide

On veebruar 9,1996 GSI Saksamaa teatas loomise element 112 kõik
krediidirahvusvaheline meeskond alla Peter Ambruster . Nad olid pommitatakse tsingi
aatomeid, mis oli kiirenes suurtel kiirustel kiiresti liikuvaid täppe pliid . Kokkupõrke
ajaltsingi aatomi õnnestus sulanduma juhtima aatom .

Ununkvaadium
Atomic number : 114
Keemiline sümbol : Uuq
IBTranscatinide

Aastal 1999 meeskond teadlasteühine tuumauuringute instituudi Venemaa teatas uue
ultra- heavy metal . Meeskond kasutatudtsüklotronisisene pommitama plutoonium 244
koostala kaltsiumi 48 tuumad . Pärast umbes 40 päeva pommitaminecalicium tuumas
20 prootonit sulandada plutooniumi tuuma koos 94 prootonit tootmaelemendi 114
prootoneid . Kuigi ebastabiilne see säilinudsuhteliselt pikka aega.

Otsustavust leida looduse varjatud vastuseid ei ole vähenenud . Quest jääbüha jätkuva otsida uusi ülirasket elemente. Liikumapanevaks jõuks jõupingutused onotsida teadmisi , et algatabrikas uus õppevaldkonnas tuumaenergia ja keemilised omadused elemendid .

Samuti on rohkem utilitaarne motivatsiooniotsida elemente , mis moodustavad saare stabiilsus . Paljud teadlased usuvad näiteks , et need uued elemendid moodustavad ebatavaline materjalid eksootiliste omadustega kunagi varem näinud . Vastuseid otsitakse kõnealustes jõupingutustes on äärmiselt oluline, et meie arusaam universumist.